ENCYCLOPEDIA
FOR
CHILDREN

中国少儿百科知识全书

ENCYCLOPEDIA FOR CHILDREN

中国少儿百科知识全书

飞越太阳系

人类的太空家园

焦维新 / 著

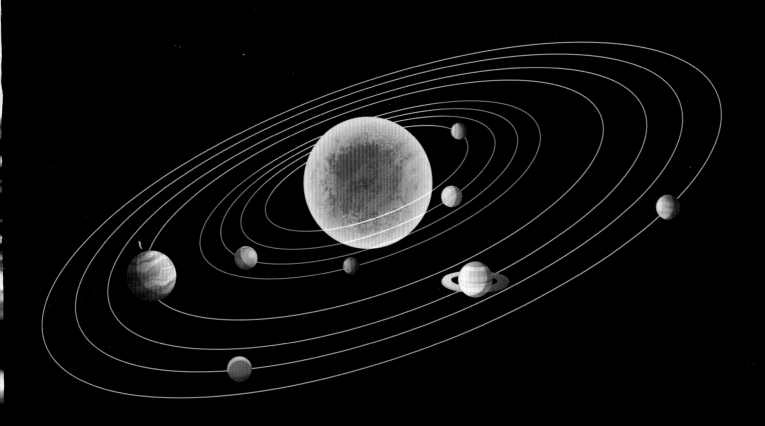

少年儿童出版社

目　录

走进太阳系

深邃的夜空是一扇开向宇宙的窗户，透过它，我们会发现地球并不孤单，在地球之外，还有一片星辰大海。

太阳系中的天体

太阳系中住着各类天体，有散发光热的恒星、陪伴行星的卫星，还有偶尔来串门的彗星……它们的性格十分不同。

让科学动起来　让知识变简单

- 魔法卡片　● 科学探秘
- 闯关游戏　● 百科达人
- 荣誉徽章

扫一扫，获取精彩内容

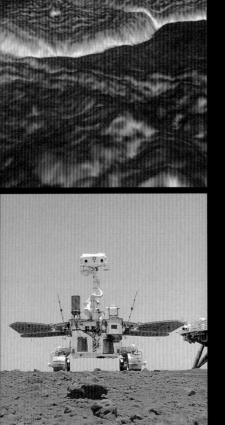

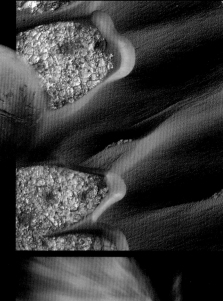

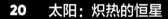

遨游太阳系

太阳系的广阔超乎想象，八大行星之外是无数小天体聚集的柯伊伯带，更遥远的地方是奥尔特云，那里是太阳系的边界。

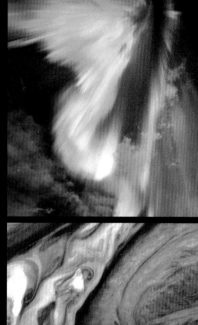

附　录

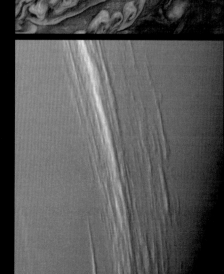

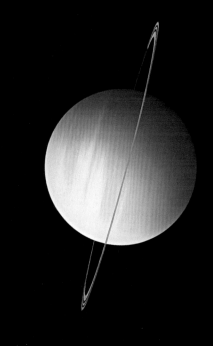

太阳系诞生

138亿年前，大爆炸发生，宇宙诞生了，空间和时间也诞生了。

最初，宇宙处于炽热、致密的混沌状态，它不停向外膨胀，也开始慢慢冷却。在这过程中，原子核、原子、分子形成，接着它们碰撞、聚集成星云，星球随之在其中孕育而生。

星云假说

大约46亿年前，气体和尘埃飘浮在空中，形成了一片巨大的星云，这片星云就是太阳系的摇篮。后来，这片静谧的星云发生坍缩，并开始急速旋转。在星云的中心，尘埃和气体聚集成一个大圆球，它越来越大，越来越热，最终变成了太阳。剩下的物质绕着太阳继续旋转，变成行星、卫星、矮行星、彗星等各种天体。

星云的坍缩

大约46亿年前，一件奇如其来的事情导致了星云的坍缩。可能是一颗天体经过，也可能是附近的超新星爆发产生冲击波，加上自身的引力作用，星云开始坍缩。

星 云

在广袤的宇宙空间，气体和尘埃聚集成星云。

恒星的摇篮

在浩瀚的星际空间，宇宙大爆炸后，产生了大量的气体和尘埃。它们形成了巨大的星云。这就是恒星的摇篮。在巨型星云中，成千上万颗恒星正在孕育。

气体尘埃盘

星云发生坍缩，并开始急速旋转。气体和尘埃聚集在一起，形成了一个自动旋转的气体尘埃盘，远远看去就像一个扁平的旋涡。

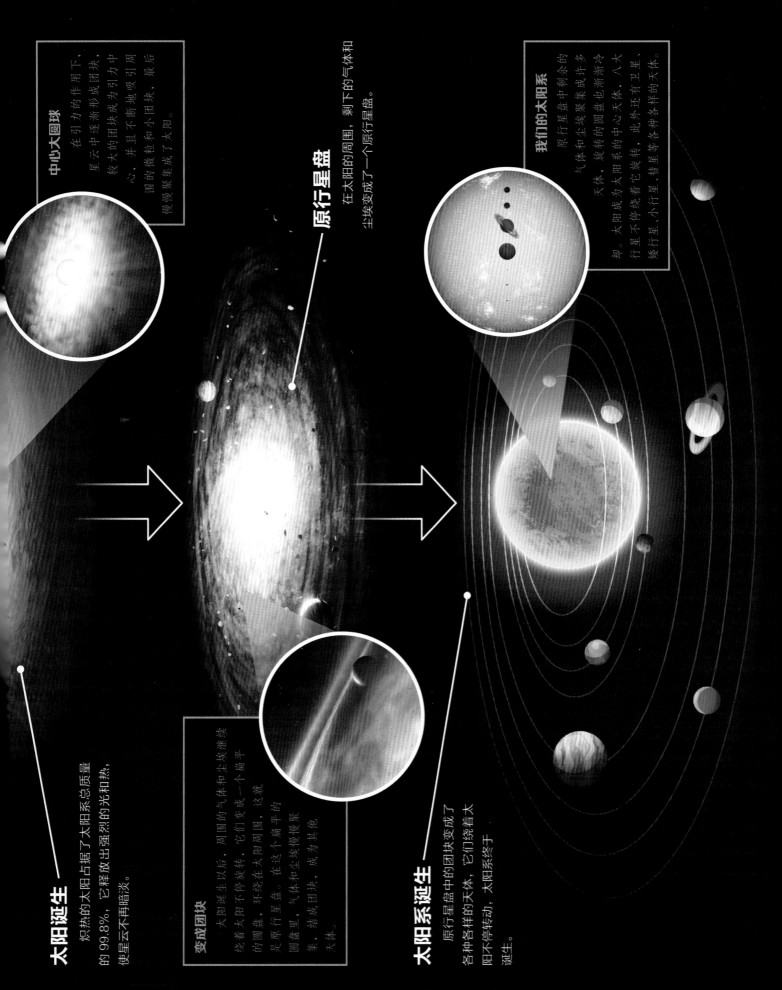

中心大圆球

在引力的作用下，星云中逐渐形成团块，较大的团块成为引力中心，并且不断地吸引周围的微粒和小团块，最后慢慢聚集成了太阳。

原行星盘

在太阳的周围，剩下的气体和尘埃变成了一个原行星盘。

我们的太阳系

原行星盘中剩余的气体和尘埃聚集成许多天体，旋转的圆盘的中心渐渐冷却，太阳成为太阳系的中心。八大行星不停绕着太阳旋转，此外还有卫星、矮行星、小行星、彗星等各种各样的天体。

太阳诞生

炽热的太阳占据了太阳系总质量的99.8%，它释放出强烈的光和热，使星云不再暗淡。

变成团块

太阳诞生以后，周围的气体和尘埃继续绕着太阳不停旋转，它们变成一个扁平的圆盘，环绕在太阳周围，这就是原行星盘。在这个扁平的圆盘里，气体和尘埃慢慢聚集，结成团块，成为其他天体。

太阳系诞生

原行星盘中的团块变成了各种各样的天体，它们绕着太阳不停转动，太阳系终于诞生。

太 阳
Sun

直径： 1 392 000 千米

质量： 约占整个太阳系的 99.8%

水 星
Mercury

直径： 约 4 847 千米

公转周期： 88 天

距离太阳约 57 910 000 千米

金 星
Venus

直径： 约 12 118 千米

公转周期： 225 天

距离太阳约 108 000 000 千米

地 球
Earth

直径： 12 756 千米

公转周期： 365.25 天

距离太阳约 149 600 000 千米

太 阳　　水 星　　金 星　　地 球　　火 星

木 星

小行星带
Asteroid Belt

　　火星和木星之间有一条小行星带，太阳系中的小行星聚集在这片区域内，总数估计多达数百万颗。小行星大多由岩石和金属组成，与行星相比，它们的质量要小得多。

木 星
Jupiter

直径： 约 142 612 千米

公转周期： 约 4 332 天

距离太阳约 778 000 000 千米

土 星
Saturn

直径： 约 120 162 千米

公转周期： 约 10 760 天

距离太阳约 1 427 000 000 千米

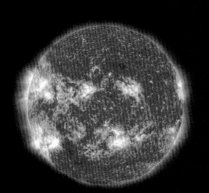

恒 星

　　由巨大的气体和尘埃组成的星云发生了坍缩，形成一个扁平的云盘，这片星云的中心慢慢形成一个炽热、致密的大圆球，这个大圆球就是恒星，如太阳。

太阳系家族

在广袤的银河系里，太阳只不过是数千亿颗恒星中的一颗，它正待在银河系的一条旋臂上。体形庞大的太阳拥有强大的引力，它抓住了 8 颗行星、多颗矮行星、至少 185 颗卫星、数百万颗小行星，数十亿颗彗星以及其他各种小天体。

火 星
Mars

直径：约 6 761 千米
公转周期：687 天
距离太阳约 228 000 000 千米

土 星

天王星

海王星

奥尔特云
Oort Cloud

奥尔特云是太阳系的边缘地带，它一直向外延伸至 2 光年的远方。那里有着数千亿颗冰冻的小天体。

柯伊伯带
Kuiper Belt

在海王星轨道之外，柯伊伯带充满了各种微小的天体，它们是原始太阳星云的残留物，被剥夺行星地位的冥王星就位于这片神秘的地带。

天王星
Uranus

直径：约 52 300 千米
公转周期：约 30 685 天
距离太阳约 2 869 000 000 千米

海王星
Neptune

直径：约 49 493 千米
公转周期：约 60 190 天
距离太阳约 4 498 000 000 千米

恒星系统

当两颗或者更多的恒星受到引力的约束时，它们互相环绕，形成恒星系统。不过，有些单独的恒星被周围的行星环绕，它们也是恒星系统，就像我们的太阳系。

星 系

在浩瀚的宇宙里，比星团更大的是星系，每个星系里有几亿至上万亿颗恒星，如我们太阳系所在的银河系。不过，在茫茫的宇宙海洋里，星系也不过是一座座小岛屿。

恒星：夜空中的光点

每到夜晚，仰望天空，我们就会看到繁星点点，这些闪烁的星星大多是自身发光的恒星。我们肉眼能看见的恒星几乎都在银河系内，但和太阳相比，它们距离我们要遥远得多。由于距离太远了，它们看起来非常渺小，就像夜空中的小光点。太阳是距离地球最近的恒星，它发出耀眼的光芒，给地球带来了光和热。

知识加油站

过去，人们认为恒星在天空中的位置是永恒不变的，其实恒星也在运动，但因距离太远，我们很难察觉到它们位置的变动。

在黑暗无云的夜空中，我们用肉眼可以观测到 6 000 多颗恒星，不过在白天，由于太阳光太强，我们无法看到这些恒星。如果借助天文望远镜观测，我们会发现，宇宙中的恒星恐怕和地球上的沙子一样多。

恒星的一生

恒星并非永久不变，像宇宙中所有的物质一样，恒星也一直处在运动中，它像人类一样会经历"衰老""死亡"。

中小质量恒星

恒星内部的氢产生核聚变反应，并转化为氦，释放出巨大的能量（包含光和热），如太阳。

红巨星

内部的核聚变反应使整个恒星不停膨胀，它的体积不断变大，温度越来越低，演变为红巨星。

诞 生　　**青壮年**

大质量恒星

大质量恒星内部的温度非常高，氢消耗得很快，因而它的质量也流失得很快。

超巨星

超巨星体积巨大，半径大约是太阳的几十倍到几千倍。由于表面温度低，它看起来是橙黄色的。

星云

这是宇宙中的一团星云，致密的区域坍缩、碰撞、升温，上百万颗恒星将从这里诞生。

赫罗图

恒星的种类繁多，它们的温度各不相同，表面光度也有大有小。20 世纪初，为了展示恒星的不同温度和光度，丹麦天文学家赫茨普龙和美国天文学家罗素绘制了赫罗图。

在赫罗图上，恒星主要集中在 4 个区域：白矮星、主星序、巨星和超巨星。最下方的白矮星十分暗淡，主星序中包含了许多不同光度的恒星，巨星和超巨星则看起来十分明亮。除此之外，恒星的颜色也多种多样，我们可以根据颜色来判断它们的温度，蓝色的恒星表面温度非常高，白色和黄色的恒星表面温度低一些，红色的恒星表面温度最低。

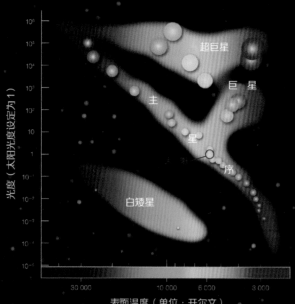

光度（太阳光度设定为1）

超巨星

巨星

主星序

白矮星

表面温度（单位：开尔文）

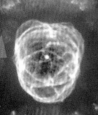

行星状星云

能量耗尽后，恒星向宇宙中抛射出尘埃和气体，一个圆形、扁圆形或环形的行星状星云渐渐成形。

白矮星

虽然白矮星看起来十分暗淡，体形也很小，但它的内部非常致密，表面温度也很高。

| 老 年 | 死 亡 | 遗 迹 |

超新星

当体积巨大的超巨星耗尽燃料，一场剧烈的爆发就会发生，光度瞬间增加1 000万倍以上，能量迅速释放。

中子星

超新星爆发后形成了体积极小、密度极大的中子星。

黑洞

黑洞中心的质量大到无法想象，巨大的质量产生了超强引力，任何靠近它的物质都会被它吸进去，连自身的光子都无法逃逸。

地球
Earth

地球是离太阳第三近的行星，它是我们的家园，也是目前唯一已知有生命存在的行星。地球表面约 70.8% 的面积被海洋覆盖，从太空中看，它是一颗蔚蓝色的星球。

金 星
Venus

金星和地球的大小非常接近，被称为地球的"姊妹星"。金星极端炎热，表面的温度高达 480℃。从地球上看，夜空中的金星特别明亮，亮度仅次于月球。

行星：星空漫游者

"水金地火木土天，海王行星绕外边。"八大行星环绕着太阳，行走在各自的轨道上。在地球上，即使没有望远镜，仅凭一双肉眼，我们也可以辨认出 5 颗行星：水星、金星、火星、木星和土星。相比之下，天王星和海王星距离我们非常遥远，我们需要用望远镜，才能在天空中捕捉到它们的身影。

水 星 ●————
火 星 ●————
金 星 ●————
地 球 ●————
海王星 ●————
天王星 ●————
土 星 ●————
木 星 ●————
太 阳 ●————

按体积由小到大排列

木 星
Jupiter

木星是太阳系中体积最大、自转最快的行星，它可以装下大约 1 400 个地球！它的表面布满了一圈圈彩色云带，还有一个旋涡状的大红斑，看起来就像一颗棒棒糖。

如何加入太阳系行星家族？

太阳系的天体数不胜数，但不是所有体积和质量小于太阳的天体都是行星，比如冥王星就被"开除"出了行星的行列。太阳系中目前已知的行星只有 8 颗，究竟怎样才算是一颗行星呢？

- 必须环绕太阳运动；
- 质量足够大，产生足够大的引力，能把自己变成球体或近似球体；
- 体积足够大，能够用引力清除轨道附近的各种小天体，拥有一条专属于自己的轨道。

土 星
Saturn

土星非常容易辨认，因为它有一个美丽的行星环。和木星一样,土星也是气态星球。你无法在土星表面降落，因为它没有陆地，只有流动的气体和旋涡般的云团。

水 星
Mercury

水星是最靠近太阳的行星，也是太阳系体积最小的行星。水星是一颗岩石星球，它的表面和月球一样，布满了环形山。除了距离太阳最近，水星绕太阳公转的速度也是最快的。

天王星
Uranus

天王星要花 84 年的时间才能绕太阳公转一圈，它是人类用望远镜发现的第一颗行星。

海王星
Neptune

海王星是一颗蓝色的星球，它离太阳遥远而寒冷，身处太阳系的边缘——即使最快的飞船也要花大约 9 年时间才能到达那里。它同样是一颗气态星球，星球表面刮着巨大的"黑暗"风暴。

火 星
Mars

火星是一颗大气稀薄、干燥的岩质行星，它的表面就像一片火红的沙漠，一旦刮起大风，整个火星就会被红色的沙尘笼罩。由于火星离地球很近，我们肉眼就能看到它。

卫星：行星的卫士

许多行星周围都有卫星相伴，在引力的牵引下，它们环绕着行星不停旋转，就像行星环绕着恒星旋转一样。望远镜发明以前，月球是我们唯一知道的卫星，直到 1610 年，意大利科学家伽利略将望远镜对准木星，发现了木星的 4 颗卫星。在那之后，人们又陆陆续续发现了许多颗卫星。

土 星
约 120 162 千米

土卫四
约 1 120 千米

土卫三
约 1 060 千米

土卫一
约396千米

土卫十七
约84千米

土卫十
约180千米

土卫八
约 1 470 千米

土卫十六
约86千米

土卫十一
约115千米

土卫七
约270千米

土卫二
约500千米

海卫八
约420千米

海王星
约 49 493 千米

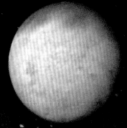

海卫一
约 2 700 千米

知识加油站

除月球外，地球周围还环绕着各个国家研制、发射的无人航天器，它们在地球的空间轨道上运行着，被称为人造地球卫星。我们生活中的天气预报、地图导航、通信等都离不开人造地球卫星。

木卫三
约 5 262 千米

木卫四
约 4 800 千米

木卫一
约 3 630 千米

木 星
约 142 612 千米

* 以上的数据均为天体的直径

地 球
12 756 千米

土卫六
约5 150千米

月 球
3 476千米

土卫五
约1 530千米

火卫一
约22千米

火卫二
约13千米

火 星
约6 761 千米

185颗

在太阳系中，至少有185颗卫星环绕着八大行星不停运转。除了水星和金星，其他行星都有卫星环绕。木星的卫星多达79颗，土星已确认的有62颗，天王星有27颗，海王星有14颗，火星有2颗，地球只有1颗，也就是月球。

卫星的诞生

大约46亿年前，在行星慢慢形成的同时，卫星也悄然诞生。卫星诞生的谜团重重，现在比较流行的假说主要有3种：

分裂说：在行星形成的早期，它飞快旋转时将一部分物质甩了出去，被甩出去的物质慢慢凝聚，形成了卫星。

俘获说：体形庞大的行星拥有超强的引力，它将附近的小行星捕获，让小行星受引力的牵引，变成了自己的卫星。

大碰撞说：在行星诞生之初，一个庞大的天体突然撞击行星，产生的大量碎片被抛到太空。后来，这些碎片聚集在一起，形成了卫星。

天卫五
约472千米

天卫四
约1 560千米

天卫一
约1 158千米

天王星
约 52 300 千米

木卫二
约3 138千米

天卫二
约1 169千米

金 星
约 12 118 千米

天卫三
约1 600千米

水 星
约 4 847 千米

矮行星：侏儒行星

和行星一样，矮行星在固定的轨道上绕着太阳转动，也可以凭借自身的引力将自己变成一颗球体。与行星不同的是，矮行星不能清除轨道附近的其他小天体，它们的个头也比行星小许多（有的甚至比月球还要小）。目前，矮行星家族成员有：谷神星、冥王星、妊神星、鸟神星和阋神星等。

① 谷神星 Ceres

位置：小行星带
直径：约 945 千米
公转周期：约 4.6 年
平均温度：约 -43℃
发现者：朱塞佩·皮亚齐
发现时间：1801 年 1 月 1 日
名字来源：罗马神话中的农业和丰收之神刻瑞斯

② 冥王星 Pluto

位置：柯伊伯带
直径：约 2 283 千米
公转周期：约 247.7 年
平均温度：-230 ~ -220℃
发现者：克莱德·汤博
发现时间：1930 年 2 月 18 日
名字来源：希腊神话中的冥界之王普路托

---

① 奥卡托环形山

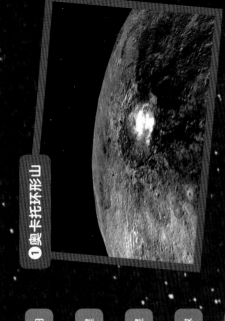

2018 年，在燃料耗尽之前，美国国家航空航天局的黎明号探测器从谷神星 35 千米的高空中拍摄到奥卡托环形山，它是太阳系中最神奇的地方之一。

② 蓝色大气层

③ 神秘的环

在距离太阳约 5 900 000 000 千米外的太空，冥王星稀薄的大气层在黑暗中闪耀着蓝色的光芒。

太阳　水星　金星　地球　火星　①　木星　土星

并非只有行星才拥有环系，妊神星的周边也有一个环，它宽约70千米，离妊神星表面大约1 000千米远。

④小卫星

在距离鸟神星大约21 000千米的地方，一颗直径约160千米的小卫星围绕着鸟神星不停转动。

⑤奇怪的轨道

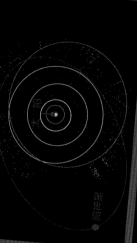

在遥远的柯伊伯带，阋神星拥有一条异形的椭圆形轨道。在这条奇怪的轨道上，它需要560年才能绕太阳公转一圈。

天王星

海王星

② ③ ④ ⑤

位置：柯伊伯带
直径：约1 560千米
公转周期：约283年
平均温度：约−223℃
发现者：布朗小组
发现时间：2004年12月28日
名字来源：夏威夷神话中的生育之神哈乌美亚

③ 妊神星
Haumea

位置：柯伊伯带
直径：约1 712千米
公转周期：约310年
平均温度：约−243℃
发现者：布朗小组
发现时间：2005年3月31日
名字来源：复活节岛拉帕努伊族原住民神话中的人类创造之神乌基乌基

④ 鸟神星
Makemake

位置：柯伊伯带
直径：2 300多千米
公转周期：约560年
平均温度：约−243～−217℃
发现者：布朗小组
发现时间：2003年10月21日
名字来源：罗马神话中的女神厄里斯

⑤ 阋神星
Eris

小行星：
太阳系中的碎片

太阳系里的天体并不都很庞大，也有许多小天体，虽然它们和行星一样环绕太阳运动，但它们的体积和质量都比行星小得多，它们的直径从数米至数百千米不等，它们就是"小行星"。

奇形怪状的小行星

一提到行星，人们就会想到圆圆的球体，但绝大多数小行星的形状十分不规则，甚至可以说奇形怪状，它们有的像马铃薯，有的像哑铃，有的身上还带着大洞。在大一点的小行星表面，我们也会看到大大小小的陨星坑。

为什么小行星的形状如此不规则呢？首先，这些小天体的质量太小，它们的引力也很小，在长期的演化过程中，如果仅仅依靠自身的引力，它们不可能变成球体，只能保持原有的奇形怪状；其次，在几十亿年的演化过程中，这些小天体不断遭受各种大小碎片的撞击，它们的表面早已千疮百孔，有的甚至被撞碎，变成了更小的天体，形状也更加不规则。

小行星撞地球

一些小行星运行的轨道与地球的轨道非常接近，当小行星的轨道受到各种外力扰动时，它们就有可能与地球发生碰撞，地球表面留下的陨星坑更是表明，小行星不止一次撞击过地球。2013 年，俄罗斯的车里雅宾斯克州就发生过一起小行星撞地球事件。

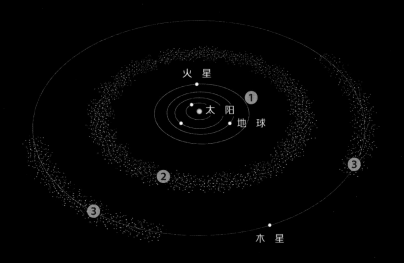

❶ **近地小行星**

　　一些小行星的轨道与地球的轨道相交或接近，这些小行星被称为近地小行星。

❷ **主带小行星**

　　绝大多数小行星位于火星和木星轨道之间的小行星带，这里聚集着数百万颗小行星，这些小行星被称为主带小行星。

❸ **特罗伊族小行星**

　　有一些小行星运动于行星轨道上，它们与行星保持一个特殊的距离，这些小行星被称为特罗伊族小行星。

小行星 4179

　　小行星 4179 是一颗对地球有潜在撞击风险的小行星。2012 年 12 月 13 日，中国的嫦娥二号人造卫星飞抵距地球约 700 万千米远的深空，与这颗小行星擦身而过。交会时，嫦娥二号拍下了这颗小行星的照片，首次实现了对这颗小行星的近距离观测。

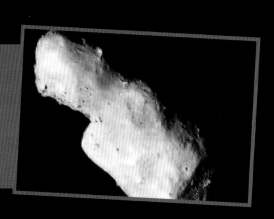

小行星贝努

　　小行星贝努是一颗神秘的、具有威胁性的近地小行星，它的直径约 500 米。2020 年 10 月，冥王号探测器历时 4 年，终于飞抵小行星贝努。在贝努表面短暂停留后，冥王号采集了约 60 克岩石样本，如果顺利的话，它将于 2023 年 9 月 24 日返回地球。

黎明号

　　2007 年到 2018 年，黎明号先后探测了小行星带中最大的两颗天体——灶神星和谷神星，这两颗天体占了小行星带所有天体质量的近一半。2018 年 11 月，黎明号的"太空逐鹿"探索任务结束，失去动力的它作为一颗人造小天体留在了太空中。

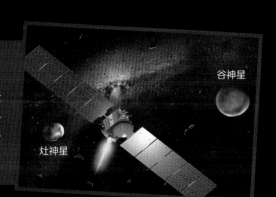

彗星：天外来客

彗星，俗称扫帚星，它总是拖着一条长长的像扫帚一样的尾巴。这种小天体由岩石、沙砾、尘埃和冰混合而成，像一颗"脏雪球"，不过由于它们形状特殊，出没无常，在古代常常被人们视为不祥之兆。其实，彗星的运行也有规律可循，它们有的甚至还是地球的常客。

彗　尾

它由气体和尘埃组成，是彗星运动时拖出的长长轨迹。

彗　核

彗核是彗星中心的固体部分。

长长的尾巴

为什么彗星总是拖着长长的尾巴呢？其实，彗星在"出生地"并不是这副模样，只不过出了趟"远门"才模样大变。

彗星的"出生地"离太阳十分遥远，一般在海王星的轨道之外，那里非常寒冷。尽管如此，这些冰冻的彗星运行在固定的轨道上，日子过得还算"安逸"。可如果有较大的天体从附近经过，彗星的轨道就可能受到影响，发生变化，从而拐向太阳系内部。它越接近太阳，受太阳引力牵引，运行的速度就会越快，温度也会越高，于是彗星中的冰等物质挥发、碎裂，在尾部形成一条长长的彗尾。

彗　发

彗核周围的云雾状光辉就是彗发。

罗塞达号

1822年，商博良成功破译罗塞达碑，打开了通向古埃及文明的大门。2004年，一艘被命名为罗塞达的彗星探测器飞向太空，科学家希望可以通过它打开通向太阳系古老历史的大门。

彗星轨道

彗星待在各自的轨道上绕着太阳旋转，它们拥有椭圆形、抛物线形或双曲线形的轨道。如果一颗彗星在抛物线形和双曲线形的轨道上旋转，它终生只能靠近太阳一次，一旦离去就永远不会再回来，这类彗星就是非周期彗星。如果一颗彗星在椭圆形的轨道上旋转，它会定期回到太阳身边，这类彗星就是周期彗星，它们居住在太阳系的外层空间。

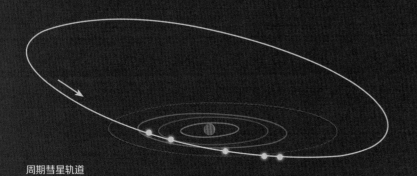

周期彗星轨道

定期访客

1705 年，天文学家埃德蒙·哈雷提出，1531 年出现的一颗彗星与 1607 年和 1682 年出现的彗星是同一颗彗星，他还大胆地预测，这颗彗星将在 1758 年返回，因为他坚信这颗彗星是太阳系的一位"定期访客"，每隔 75～76 年，它就会出现在同一个地方。后来，他的预言应验了，这颗彗星如期而至。于是，这颗彗星便以他的名字命名，它就是哈雷彗星。

"追星"之旅

2004 年 3 月 2 日，欧洲空间局的罗塞达号开启了它的"追星"之旅，它的"偶像"是一颗代号为 67P 的周期彗星。10 年之后，它终于成功进入彗星 67P 的轨道，与之会面。接着它派出的菲莱着陆器成功登陆彗星 67P 的彗核表面，对彗星 67P 进行了细致探测。此后，它们共度了 17 个月。2016 年，罗塞达号顺利完成探测任务。最终，它撞向彗星 67P，正式结束了长达 12 年的"追星"之旅。

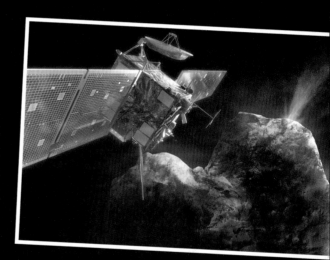

霍尔姆斯彗星（1892年被发现）

这是一颗短周期彗星，每6.88年围绕太阳公转一圈。照片中的它看起来像一颗模糊的网球。

麦克诺特彗星（2006年被发现）

这是一颗非周期彗星，也是人类观测到的最亮的彗星之一，它已经飞回遥远的奥尔特云，并且不会再回归。

爱喜彗星（2014年被发现）

这是一颗长周期彗星，绕太阳公转一圈大约需要8 000~11 500年，同时，它有着与众不同的绿色彗尾。

太阳：炽热的恒星

太阳是一颗巨大而炽热的恒星，也是整个太阳系的中心，所有恒星中，属它离我们最近，所以它看起来比夜空中的其他恒星大得多。太阳通过氢聚变成氦的核聚变反应，释放着光热，至今它已经"燃烧"了 **50 亿年**。能量耗尽以后，太阳就会不停膨胀，变成一颗又大又胖的红巨星，到时候，恐怕地球也会被它吞噬……

❶ 日 核 半径约 14 万千米

日核是太阳的"心脏"，它的温度高达 1 500 万℃，超乎寻常的高温将原子碾碎成乱作一团的"糨糊"。在一片混沌之中，氢原子核互相碰撞、融合，发生核聚变反应，释放出巨大的能量，使太阳发光发热。

❷ 辐射区 厚约 38 万千米

从日核中挣脱之后，能量变成各种各样的电磁辐射，它们搭载着光子不断向外喷涌，但被密集的辐射层挡住了去路，光子只能缓慢地向外逃逸。可能要花几十万年的时间，光子才能穿过这片无比密集的区域。

❸ 对流层 厚约 20 万千米

对流层是一个极不安分的区域，底部的温度高达 200 万℃，但顶部的温度却只有 5 400℃左右，底部的热量到了顶部又变冷下沉，能量不停上蹿、下沉，急速变化。

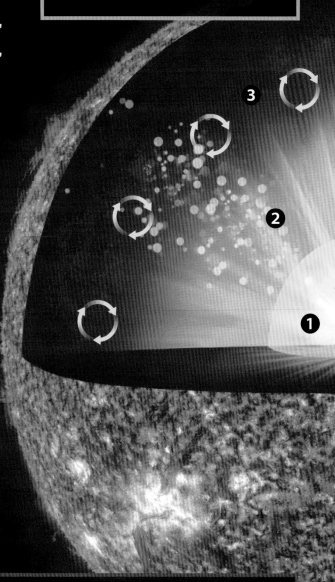

太阳黑子

光球层的平均温度高达 6 000℃，但有些地方却只有 3 000～4 000℃，这些又冷又暗的"低温区"会出现很多黑色的暗斑——太阳黑子。虽然看上去比较小，但一个大黑子直径可达 20 万千米，有十几个地球那么大。黑子寿命平均约为 1 天，少数大黑子能存在数月甚至 1 年以上。

❹ 光球（可见层） 厚 500～600 千米

当我们用肉眼观察太阳时，这颗明亮的大圆球格外刺眼，我们看到的其实就是光球。光球是一个不透明的气体薄层，表面还布满了密密麻麻的斑点——太阳黑子。太阳光从这里出发，大约 8 分钟后会抵达地球。

太阳和日球层探测器（SOHO）

这艘无人太空探测器上安装了精密的观测仪器，可以抵挡强烈的太阳光，帮助人类监视太阳的一举一动。除此之外，它还是一位"彗星猎手"，已经成功捕捉到几千颗彗星的踪迹。

❺ 色 球 厚约2100千米

在光球的上方，色球看起来就像一片燃烧的草原，温度可达2万℃。在这片"火的海洋"里，许多细小的"火舌"不停向外跳动，有时还会有一束束火焰状的物质高高蹿起，弯曲着喷射到太空中。

❹

太阳耀斑

太阳也会"发怒"，它大发雷霆时，盘面或边缘突发闪光，在短时间内所释放出的能量，大约是太阳每秒钟释放总能量的六分之一。这股能量一下子就能让我们的地球乱套：大气被急剧电离，引起卫星通信中断、导航与定位系统失效……

❺ **6**

太阳风

日冕层的带电粒子急速运动，它们挣脱太阳引力的束缚，从密度低的冕洞中喷射而出，像一股风一样吹向宇宙空间。当太阳风到达地球，它们顺着地球磁场进入地球的两极，耀眼的极光便会闪现在极地上空。

❻ 日 冕 厚约200万千米

在太阳的最外层，一圈银白色的光芒将太阳团团围住，它就像戴在太阳头上的一顶帽子，"日冕"这个名字就由此而来。虽然在最外层，但日冕是太阳的"狂热地带"，它的内层温度可达100万℃。

水星：千疮百孔的行星

在离太阳最近的轨道上，水星时刻承受着煎熬。白天，在烈日的炙烤下，水星就像一座火炉，到了夜晚，热量迅速流失，水星又会变成一座"冰窖"。猛烈的太阳风吹走水星周围的大气，没有了这层防护罩，小天体和彗星肆无忌惮地撞击水星，使它的表面千疮百孔，布满了大大小小的陨星坑。

"蜘蛛"地形

在坑口的高地周围，上百条裂纹向外辐射，看上去就像一只张牙舞爪的百足蜘蛛，科学家便将这种独特的地形称为"蜘蛛"。目前还不确定这种地形的形成原因，人们猜测这可能与地下火山活动有关，也可能是陨星撞击导致的。

千疮百孔的表面

水星的表面很像月球，坑坑洼洼的，一座座环形山星罗棋布，高山和平原参差不齐，还有一座直径约 1 300 千米的大盆地——卡路里盆地。除此之外，它的表面还有许多陡峭的断崖和皱脊，看起来就像一个缩水的苹果上布满了一条条"皱纹"。

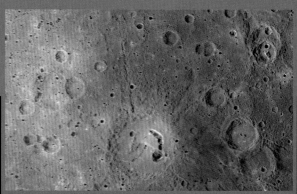

铁心肠

水星的体积只有地球体积的 6%，但水星的密度非常高，仅次于地球。这主要因为水星上铁的含量很高，水星的内部是一个巨大的铁镍内核，它的直径超过水星直径的三分之二，可以说，水星拥有一副"铁心肠"。

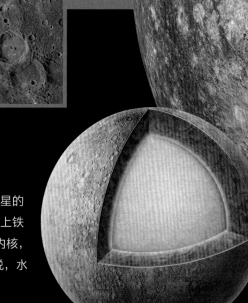

极大的昼夜温差

水星没有大气层，它的表面只有一层非常稀薄的氦和气化的钠等气体，既无法对抗烈日的炙烤，也阻挡不了热量的流失。白天，水星的表面温度会升至约440℃，到了夜晚，就会降至-160℃以下。

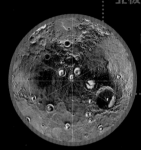

卡路里盆地

这个巨大的撞击盆地是水星上最大的环形山，直径超过了1 500千米。同时，它也是水星表面最热的地方，最热时温度高达427℃。为了记录这个"火炉"盆地，人们用热量的单位"卡路里"来为其命名。

北极冰洞

水星有点"名不副实"，它并不是一颗被水包围的行星，相反，太阳的强烈照射使水完全无法在它的表面逗留。不过，信使号侦测到，水星极区永远没有光照的深坑底部，可能存在着水冰。

皱 脊

水星的表面到处是陡峭的山脊，它们就像一条条皱纹，这种地形就是"皱脊"。可能在诞生之初，水星快速冷却收缩，导致地壳严重扭曲、起皱，从而形成了皱脊。

飞往水星

强太阳辐射、超高温都使探测器难以靠近水星。此外，要抵近水星，探测器必须消耗相当多的燃料，才能顺利切入环绕水星的轨道。虽然水星之旅困难重重，但水手10号和信使号都成功克服阻碍，先后抵达水星附近，为人类揭开了水星的神秘面纱。

水手10号

信使号

2011年3月18日，信使号进入水星轨道，成为第一艘环绕水星的探测器，它拍摄了超25万张照片。4年后，信使号燃料耗尽，最后撞向水星，和一直观测的水星进行了最后的拥抱。

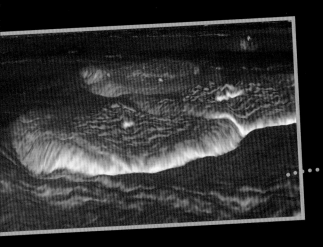

核

铁和镍聚集在金星的中心，在这个8 000℃的"超级大熔炉"里，熔化的铁和镍形成外核，固态的铁和镍形成内核。

难得一见的表面

虽然金星被浓密的大气层重重包围，但探测器还是用雷达探测到了它的真面目。金星的表面年龄约为5亿年，这里一片荒芜，到处是火山和熔岩的痕迹。在这片平坦的"岩石荒漠"中，约70%是广阔的平原，20%左右是低矮的洼地，少部分是耸立的高地。不过，这里是一座"烈焰地狱"，480℃的高温对生命极不友好。

壳

和地球一样，金星也有一层硅酸盐外壳，但它比地壳更厚。

金星：地狱之星

远看如同一位金发美女，一旦走进却仿佛闯入地狱，这就是令人生畏的"地狱之星"——金星。在金星上，如果穿越天空，你会看到厚厚的硫酸云层；即使抵达表层，灼热的地表也会让人无法落脚；而在火山口，一片暗红色的"岩浆海"在地下沸腾着。

大气层

二氧化碳、氮气、硫酸和尘埃聚集成厚厚的淡黄色大气层，它们将80%的太阳光阻挡在外面，只有20%的太阳光能抵达金星表面。厚厚的硫酸云团和令人窒息的二氧化碳创造出"超级温室"，它们将太阳热量存在这里，使金星变成了一个天然的"大烤炉"。

幔

熔融的岩浆在这里缓慢地移动着，形成了一片硅酸盐"岩石地幔"。

夜空中最亮的星

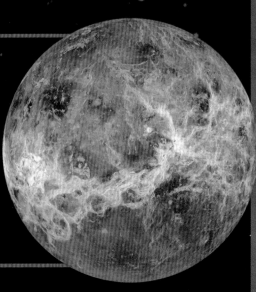

除开月球，金星就是夜空中最闪亮的星星，它就像一颗耀眼的钻石。金星的英文名字（Venus）来源于罗马神话中的爱与美之神——维纳斯，中国人也称它为"太白金星"或"启明星"。金星的大小、质量、体积都和地球非常相似，它也经常被称为地球的"姊妹星"，但高温、高压、酸雨包围着这颗星球，使金星非常不适合人类生存。

金星四大怪

1

反常自转

与其他行星不同的是，金星是顺时针转动，如果站金星上，你会看到太阳从西方升起，从东方落下。

2

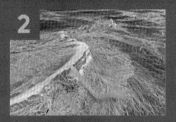

度日如年

在金星上，你能真正体验"度日如年"。金星绕太阳公转一圈需要225天，但它自转一周需要243天。

3

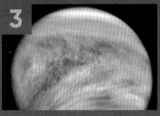

高温高压

金星拥有浓厚的大气层，它表面的大气压力是地球的90多倍。金星上也十分炎热，它的表面温度约有480℃。

4

金星凌日

当金星运行到地球和太阳之间时，可以观测到凌日现象。每243年我们就能观测到4次金星凌日。

地球：蔚蓝的家园

作为太阳系中离太阳第三近的行星，地球拥有一条绝佳的运行轨道。这里不太冷也不太热，水能够以固、液、气三种状态存在；地球的质量不大不小，大气层包裹着它，成为阻挡太阳辐射和小天体撞击的"保护罩"；地球还拥有强大的磁场，挡住了太阳风的侵袭。这些都为生命的诞生创造了有利条件。

走进地球内部

从地壳、地幔到地核，地球由复杂的圈层构成，就像一颗煮得半熟的鸡蛋：最外层的地壳像薄薄的蛋壳，中间层的地幔就像蛋白，而最内层的地核就像蛋黄。

内 核
温度：约5 000℃
状态：固体

地球的内核是一个半径约1200千米的巨大金属球，主要成分是铁。内核的温度高可达近5 000℃，比地表要热数百倍，足以让金属熔化！但由于周围巨大的压力，内核的金属保持固态。

外 核
温度：4 000~5 000℃
状态：液体

这个由铁和镍构成的液体层有2 200千米厚。外核的熔融金属不断流动，这可能是地球拥有磁场的主要原因。

下地幔
温度：2 000~4 000℃
状态：固体

下地幔位于地壳以下1 000~2 900千米处，由各种矿物构成。

上地幔
温度：1 000~2 000℃
状态：液体/固体

这一层位于地壳以下35~1 000千米处。上地幔的上部存在一个软流层，那里可能是岩浆的发源地。

地 壳

地球表面覆盖着一层薄薄的地壳。大陆地壳构成了陆地，平均厚度为35千米，由硅铝质和硅镁质岩石组成。海洋地壳由密度较大的硅镁质岩石组成。

磁场和磁层

　　在地球的外核中，熔融的铁和镍流动着，它们的运动让地球慢慢有了磁场。当太阳风袭来时，地磁场被压缩变形，形成了磁层。磁层就像一张无形的盾牌，包围并保护着我们的星球，使得太阳抛出的带电粒子无法到达地球表面。从这个意义上来说，地磁场是人类的庇护伞。不过，地磁场有时也会"放松防御"，每隔几百万年，地磁场会改变方向，磁极发生漂移，就像一块巨大的磁铁被翻转过来一样。

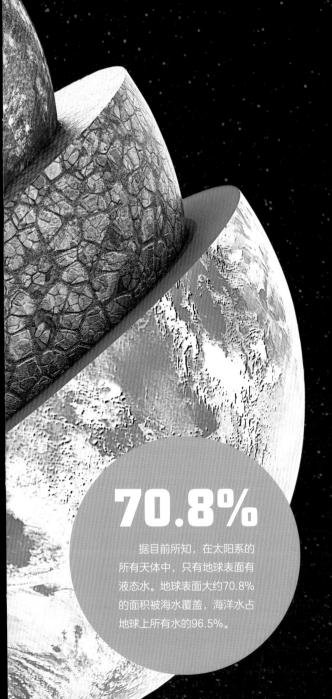

70.8%

据目前所知，在太阳系的所有天体中，只有地球表面有液态水。地球表面大约70.8%的面积被海水覆盖，海洋水占地球上所有水的96.5%。

逃逸层

热层　　　　　　　　　约 500 千米

中间层　　　　　　　　约 85 千米

平流层　　　　　　　　约 50 千米

对流层　　　　　　　　约 12 千米

大气层

　　大气层就像厚厚的气体罩，紧紧包裹着地球，根据温度变化特征，它可分为5层：对流层、平流层、中间层、热层、逃逸层。如果没有大气层，太阳紫外线辐射会将地球变成一片荒芜的沙漠，各种小天体会像"超级炮弹"不受阻拦地轰炸地球，地球上的生物也将受到威胁。

月球：神秘邻居

在离地球 380 000 多千米的太空，月球不停绕着地球旋转，如果我们乘坐旅客机飞往月球，大约需要 400 小时才能抵达，如果乘坐宇宙飞船，只需要 3 天。月球是离我们最近的天体，如果用望远镜观测月球，你会发现它的表面有许多大大小小的陨星坑，当然，还有 12 位航天员在上面留下了脚印……

月　壳

上月幔

中月幔

下月幔

神秘邻居

月球像一位半遮半掩的神秘邻居，它总是用同一面朝向我们，另一面却几乎永远背对着我们。月球绕地球一圈需要大约 1 个月的时间，奇妙的是，它自转一圈也需要 1 个月的时间，所以我们站在地球上永远只能看到月球的正面。如果没有月球探测器，我们恐怕永远都不知道月球背面是什么模样。2019 年，嫦娥四号探测器携带玉兔二号月球车成功着陆月球背面，中国成为首个登陆月球背面的国家。

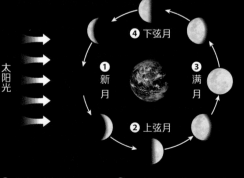

太阳光

❹ 下弦月

❶ 新月

❸ 满月

❷ 上弦月

❶ 新月：农历初一　　　　❷ 上弦月：农历初八、初九
❸ 满月：农历十五、十六　❹ 下弦月：农历二十二、二十三

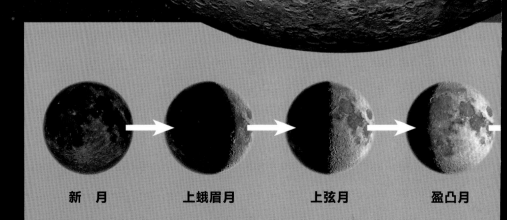

新　月　　　　上蛾眉月　　　　上弦月　　　　盈凸月

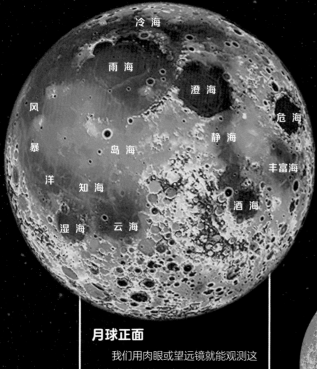

冷海
雨海
澄海
危海
风
暴
洋
岛海
静海
丰富海
知海
酒海
湿海 云海

固态内核

液态外核

月海是海洋吗？

如果用肉眼观察月球，我们会看到许多阴暗的区域——月海，那里会不会是月球上的海洋呢？事实上，月海中并没有水。在月球诞生之初，各种大小的天体经常撞击月球，它们在月球表面撞出了许多低洼的大凹坑，还"点燃"了古老的火山，无数的岩浆喷涌而出，流入凹坑后慢慢凝固，形成了一片片低洼的"熔岩床"。构成"熔岩床"的主要是玄武岩，它的反照率低，看上去比周围暗淡。人们最初远看以为是海洋，所以将其命名为月海。

月球正面

我们用肉眼或望远镜就能观测这片光亮的区域，它的表面有许多超大的深色区域——月海，还有许多明亮的区域——高地。

南极-艾特肯盆地

月球背面

这里地势高，月海少，最高峰和最低点都在背面。这里有一个巨大的南极-艾特肯盆地，直径约2 500千米，最深处深达13千米，它是太阳系中已知最大的陨星坑之一，也是月球上最大、最深及最古老的撞击盆地。

嫦娥奔月

月球是离地球最近的天体，也是人类走向太空的第一站。美国阿波罗载人飞船曾经6次成功登月，将12名航天员送上月球。2004年，中国开启了探月工程——嫦娥工程，嫦娥一号和二号实现了绕月飞行，嫦娥三号和四号实现了月球软着陆，对月球表面进行了巡视勘察。2020年12月，嫦娥五号从月球采集月壤返回地球。之后，新的探测器还将前往月球南极开启探测任务。中国的载人登月指日可待，"嫦娥奔月"也不再是神话。

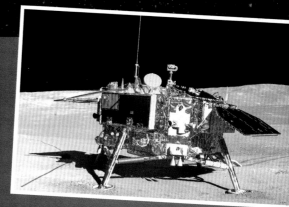

2019年1月3日，中国的嫦娥四号探测器登陆月球表面。

变，变，变

月球是一颗不发光的天体，因为反射太阳光我们才能看见它，而我们看到的月球就是它朝向太阳的那一面。每天，地球、月球和太阳的相对位置在不断变化，我们看到月球的形象也在变化。月球有时像一把弯弯的镰刀，有时像一个半圆，有时像一个胖嘟嘟的圆球，有时又漆黑一片，这就是月相。

满　月　　　　亏凸月　　　　下弦月　　　　下蛾眉月

火星：
红色的星球

火星看起来像一团时明时暗的红色火焰，所以古罗马人用战神马尔斯（Mars）的名字给它命名，不过，火星并不是一颗火花四溅的星球，许多红色的赤铁矿藏在岩石和土壤中，让火星看起来就像一颗"生锈的红色星球"。作为太阳系中离太阳第四近的行星，火星是一片干燥的沙漠世界，但除了有沙尘暴，这里的环境比水星和金星友好多了。

巨型盾牌

太阳系最高峰奥林波斯山坐落在火星的西半球，在俯拍的照片中，它看起来就像一个巨大的盾牌。山的边缘环绕着高达 8 千米的悬崖，但悬崖的底部十分平缓，底部的面积比整个英国还大，山顶是一个巨大的死火山口，直径约 80 千米。

巨大的伤疤

1972 年，水手 9 号探测器在火星上发现了一条长约 4 000 千米、最深处约 7 千米的大峡谷，这个大峡谷也因此被命名为水手号峡谷。它就像火星的一条大伤疤。

走近神秘火星

火星的半径只有地球的一半，质量大约只有地球的 11%，号称"小地球"的它一直保持着神秘感。"山高入云刺破天，峡谷绵延整八千。北部低洼似大海，南部高原有深潭。"这就是火星的奇异地形。太阳系最高峰奥林波斯山就在火星，它高达 27 000 米，比 3 座珠穆朗玛峰叠起来还高一截；太阳系最大、最长的水手号峡谷也在火星，这座大峡谷长约 4 000 千米，最深处深约 7 千米；火星的南部是一片古老的高原，这里布满陨星坑；北部地势则非常低洼，看起来就像一片宽广的海床，有许多干涸的河道与这里相连。

极地地貌

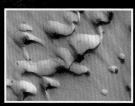
沙 丘

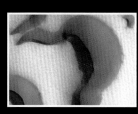
极地沙丘

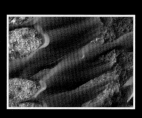
极区春天

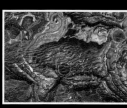
分层结构

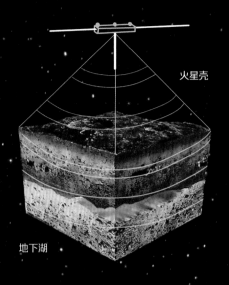

火星壳

地下湖

火星上有水吗？

2003年6月2日，欧洲空间局第一个火星探测器"火星快车"发射升空，经过6个月的星际远航，它终于抵达火星，此次火星之旅的一个重要任务就是探测火星上是否有水存在。在南极附近的冰川下，探测器上的雷达发现了一个地下液态水湖，不过这些水可能尝起来咸咸的，因为它们的盐度非常高。

欢迎来到地质公园

火星的地貌千奇百怪，这里就像一个奇特的地质公园。漫步在火星表面，空气中是稀薄而寒冷的二氧化碳以及弥漫的沙尘，因为这里时不时就会刮起一阵猛烈的沙尘暴。再看看你的四周，有遍布的沙丘和砾石，还有大小不一的环形山、火山和峡谷。如果前往极地，你会发现，水冰和干冰将南北极一层一层覆盖，形成了一个厚厚的"火星极冠"。

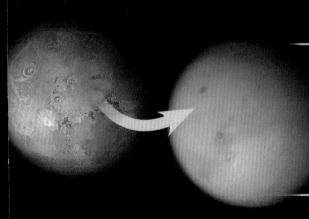

沙尘暴来袭

地球上的强台风风速不过50米／秒，火星上沙尘暴的风速却高达180米／秒。火星沙尘暴一旦刮起，可以持续3个多月，从地球上远远望去，火星就像一个暗黄色的灯笼。

火星极冠

火星极冠就像一顶白色冰帽戴在南极和北极的顶部，冰帽里既有水结成的冰，也有二氧化碳结成的干冰。如果所有的冰川融化，它可以使整个火星覆盖11米深的水层。

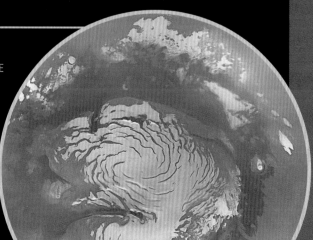

火星之旅

海盗1号 Viking 1

1976年7月20日着陆克律塞平原。

海盗2号 Viking 2

1976年9月3日着陆乌托邦平原。

勇气号 Spirit

2004年1月4日着陆古谢夫陨星坑。

机遇号 Opportunity

2004年1月25日着陆伊格尔陨星坑。

好奇号 Curiosity

2012年8月6日着陆盖尔陨星坑。

祝融号 Zhurong

2021年5月15日着陆乌托邦平原。

小行星带：
小行星聚集区

在火星和木星的轨道之间，有数百万颗小天体，这里就是小行星带。现在我们已经观测到的小行星，大约 98.5% 是在这里被发现的。虽然这里是太阳系中小行星最密集的区域，但小行星们也并非一颗紧挨着另一颗密密麻麻地挤在一起，我们发射的许多探测器都安然无恙地穿过了这片地带。

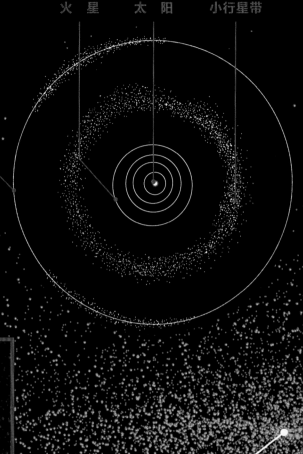

木星　火星　太阳　小行星带

地球公转轨道　　　太阳

一串神奇的数字

戴维·提丢斯　　　约翰·波得

1766 年，德国天文学家戴维·提丢斯获取了一组数据：0、3、6、12、24、48……他把这些数字加上4，再除以 10，结果发现，得到的数据和水星、金星、地球、火星、木星、土星离太阳距离的比例非常吻合，但火星和木星之间还有一个"空缺"的数据。起初，这串数字并未引起人们的注意，直到 1772 年，德国柏林天文台的台长约翰·波得将这串数字公之于众，他还推测，在火星和木星的轨道之间的"空缺"就是一颗未被发现的行星。很快，天文学家纷纷将目光投向这个"空缺"的位置，但非常遗憾，谁也没有找到一颗行星。

寻找神秘行星

1801 年 1 月 1 日的夜晚，意大利天文学家朱塞佩·皮亚齐一如往常地进行天文观测，突然，他从望远镜中发现了一颗小天体，它正好出现在那串数字的"空缺"位置上。皮亚齐认为，火星和木星之间的神秘行星被找到了，这就是谷神星。不过 15 个月后，德国天文学家奥伯斯在这片区域内又发现了另一颗天体——智神星。接下来，人们在这片区域内发现了越来越多的小天体，这些个头小小的天体组成了一个新的家族——小行星，这片布满小行星的区域也被命名为小行星带。

小天体聚集带

在小行星带内，小行星的数量惊人。根据可见光与红外观测数据推测，直径大于 100 千米的小行星有 200 多颗，直径 1 千米的小行星数量达到了 100 万颗以上，如果将小行星的最小直径定为 10 米，那么主带小行星的数量将数不胜数。主带小行星如此拥挤，穿越小行星带会不会受到撞击？其实，小行星带里的小行星看似密密麻麻，但实际上它们相隔还是很远的。

在天体如此众多的小行星带，大的天体却寥寥无几，其中最大的 4 颗天体的质量占了整个小行星带总质量的 50% 以上，它们分别是谷神星、灶神星、智神星和健神星。

谷神星
直径：约 945 千米

这是小行星带唯一一颗矮行星，它的质量占整个小行星带的 32%。

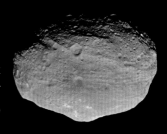

灶神星
直径：约 525 千米

灶神星目前是太阳系最大的小行星，它的质量估计达到小行星带所有天体的 9%。

智神星
直径：约 512 千米

智神星的形状十分不规则，不过它很有分量，是小行星带中质量第二大的小行星。

健神星
直径：约 430 千米

健神星的外形微微呈椭圆状，质量大约占小行星带的 3%。

蓝色小点：近地小行星　　　　**橙色小点：潜在威胁小行星**

破碎还是合并？

车多路窄，在小行星带，数量巨大的小行星们也难免互相"撞车"，大约每 1 000 万年，平均半径为 10 千米的小行星之间就有可能发生碰撞。如果小行星们"开快车"，快速的碰撞会彻底摧毁彼此，使小行星破碎成一片石头渣；但如果小行星们速度慢，这样的碰撞有可能使两颗小行星合并成一颗。经过长达 40 多亿年的碰撞，主带小行星早已不是最初的模样了。

木星：行星巨无霸

木星是太阳系最大的行星，如果把地球装进木星里，约1 400 颗地球才能塞满 1 颗木星。虽然体形巨大无比，但木星是一个"灵活的胖子"，它的自转速度是太阳系中最快的，这里的一天只有 9 小时 50 分。不过，这颗巨大的旋转球看起来并不十分圆，它的两极有些扁平，赤道微微隆起。

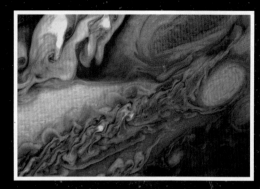

木星的表面看似绚丽多彩，实则是肆虐的风暴和气流旋涡。

彩色弹珠

如果用望远镜观测木星，远远望去，木星表面有一圈圈或明或暗的"条纹"，使木星看起来就像一颗布满彩纹的巨大弹珠。不过，这里并不是木星的地面，而是浓密又狂暴的大气层。如果航天员打算登陆木星，他根本就找不到落脚点，因为木星的大气层厚度可达 730 千米，而且恐怕在穿越大气层时，航天器就会被巨大的压力压扁。

木星之眼

木星的表面有一个旋涡一样的超级风暴——大红斑，像一只橙红色的"超级巨眼"，它长约 26 000 千米，宽约 11 000 千米，足以容纳两个地球。这里的平均气温为 –163℃。1660 年，英国科学家罗伯特·胡克首次观测到这个巨大的风暴。如今，近 400 年过去了，它依旧在木星上四处肆虐，不停地改变颜色、亮度、位置，但大小和形状却几乎没怎么变过。

在木星赤道的南侧，大红斑就像一个巨大的椭圆形旋涡，这里的风速可高达 643 千米 / 时。

宇宙吸尘器

如果把太阳系中除木星之外的其他七大行星加起来，它们的总质量也只有木星的五分之二。庞大的质量让木星拥有巨大的引力，强大的引力让它像"宇宙吸尘器"，吸引了许多在宇宙中运行的天体。1994年7月18日，苏梅克-利维9号彗星的碎片撞向木星，产生的威力相当于几万亿吨TNT炸药同时爆炸。

伽利略号木星探测器
曾拍到苏梅克-利维9号
彗星的碎片撞击木星。

伽利略卫星

1610年，伽利略将自制的望远镜对准木星，他看到了几颗明亮的星星，它们在不停移动。连续观测几日后，伽利略发现这些星星一直绕着木星转动，于是他确定这是4颗卫星，这4颗卫星也因此被称为"伽利略卫星"。

伽利略使用自己自制的望远镜观测木星。

木卫一

木卫一上约有400座活火山，火山的岩浆流经地表，熔融的硫化物也来到表面，留下红、黄、白、黑、绿等各种不同颜色的"彩绘"。

木卫二

木卫二是4颗伽利略卫星中最小的一颗，许多暗色条纹张牙舞爪地布满了星球表面。在约-200℃的表面，一层永久冻结的冰壳厚近20千米。

79颗

木星拥有很多的卫星，目前人类已探测到的木星卫星有79颗，其中最亮的4颗是伽利略卫星。

知识加油站

其实，早在战国时代（比伽利略早近2000年），我国古代天文学家甘德可能就已经凭肉眼发现了4颗伽利略卫星中最大的一颗——木卫三，并将其命名为"同盟"。

木卫三

它是太阳系中最大的卫星，比水星还要大。这颗星球的分层十分明显，硅酸盐岩石和水冰将它层层裹住，内核则是一颗大铁芯，这一切让木卫三成为太阳系已知的唯一一颗有磁场的卫星。

木卫四

作为木星的第二大卫星，木卫四的表面布满了厚厚的冰层，看起来就像一个巨大的冰原。上面还有许多裂缝和陨星坑，这些都是数十亿年来宇宙碎片碰撞的痕迹。

美丽的行星环

凡是用望远镜看过土星的人，一定会被土星环迷住，透过薄薄的土星环，你可以看到后面和侧面闪烁的星星。土星橘色的表面飘浮着许多明暗相间的彩云，而在它的周围，不计其数的冰块、砾石和尘埃聚在一起，组成一个宽阔而美丽的环，看起来就像一个巨大的帽檐，一直向外延伸到土星以外的辽阔空间。整个环宽达 20 多万千米，如果把地球放在土星环上，近 20 个地球并排在一起才能有土星环宽。

千姿百态的卫星

土星拥有一个巨大的卫星部落，至少有 150 颗卫星在不停绕着它旋转，不过大多数是小个子卫星，还有很多颗小卫星藏在美丽的土星环中。在这些卫星中，相当多的卫星长相千奇百怪，其中有几颗卫星的体形够大，它们凭借自身的引力，已经变成了球体，如果它们能绕着太阳公转，恐怕就加入了矮行星家族。

土卫一

它的表面有一个直径长达 130 千米的赫歇尔陨星坑。

土卫二

作为被冰层覆盖的卫星，它几乎能百分之百地反射太阳光。

变化莫测的风暴

当卡西尼号探测器抵达土星之后，它经常在土星的极区目睹一场场巨大的风暴。土星风暴总是始于一团巨大的乌云，慢慢地，它会变成巨大的云中旋涡，看起来就像我们地球上的台风，但地球上的风暴根本无法与它相比。土星上的风暴一旦开始，就可以迅速吞没 30 个地球那么大的区域，而且风暴可能好几个月都不会消失。

土卫三

被天体严重撞击后，土卫三的表面拥有许多冰裂缝。

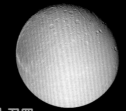

土卫四

它的表面有许多陨星坑和像线条一样的冰悬崖。

六边形风暴

在土星北极地区，一场超级风暴可能会持续几个世纪，风暴像一个神秘的六边形旋涡，到目前为止，这是太阳系内发现的唯一一个六边形风暴。

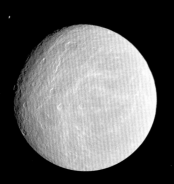

土卫五

它是土星的第二大卫星，也是太阳系第九大的卫星。

土卫六

它是土星最大的卫星，也是太阳系唯一有浓厚大气层的卫星。

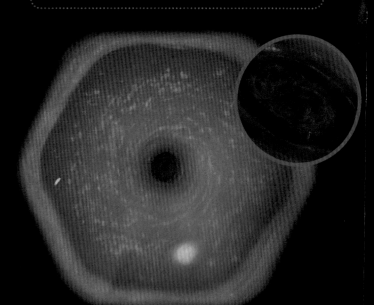

音乐唱片

土星环有许多个圈层，数不清的细环环相套。土星环有7道主环，每一道主环之间都有一条明显的环隙。环与环紧密地排列着，看起来就像一张刻满槽纹的黑胶唱片。

土星：美丽的环

土星很容易被辨认出来，因为它有一个与众不同的行星环，看起来就像一张有许多槽纹的大唱片。土星是太阳系第二大行星，不过，你最好打消登陆土星表面的念头，因为土星是一颗巨大的气态行星，这里布满了氢气，还有变幻莫测的风暴，你恐怕无法在它的表面降落。

天王星：
倾斜的冰巨星

天王星是距离太阳第七远的行星，它就像一位蓝绿色的冰美人，横卧在轨道上不知疲倦地绕着太阳转动。或许在天王星诞生之初，一个神秘的大天体撞向它，将它的自转轴几乎撞成了水平的，于是，天王星就由最初"站着"自转，变成了"躺着"自转。而且，和其他行星相比，天王星上的一年十分漫长，大约相当于地球上的 84 年。

知识加油站

地球一年有四个季节，天王星上的一年也有四季，只不过，这里的季节时长比地球长不少，每个季节相当于地球上的 21 年。

彗星？行星？

1781 年的一天夜晚，英国天文学家威廉·赫歇尔正在进行巡天观测，像往常一样，他将自己亲手磨制的大口径望远镜对准星空，一颗蓝绿色的小圆球突然闯入他的视野。在接下来的几个夜晚，赫歇尔每天都盯着这颗小星星，发现它在缓慢地移动。起初他以为这是一颗新彗星，但它并没有像彗星一样长出长长的"尾巴"，相反，它的边缘十分清晰，运行轨道也非常接近圆形，它看起来就像……一颗行星，没错，这就是一颗新发现的行星——天王星。不过，天王星离太阳非常遥远，距离长达 28.7 亿千米，比土星离太阳的距离还整整远了 1 倍。

-180℃

在进入行星家族之前，天王星已经被观测过很多次，它看起来有微弱的光芒。最初，天文学家都把它当作一颗炽热的恒星，实际上，它的表面温度很低，约-180℃。

天卫十四
天卫十五
天王星环
天卫十三
天卫十二
极　赤　道
天卫八
天卫九
天卫十
天卫十一

这里也有行星环

天王星厚厚的大气层中充满了氢气、氦气和甲烷，当太阳光照射到这里，红光被甲烷吸收掉，其他颜色的光被反射出去，所以天王星看起来就像一颗没有一丝红光的蓝绿色圆球。虽然没有土星环那样耀眼，但天王星不甘示弱。在天王星的周围，许多直径小于 10 米的碎块和细小的冰微粒汇聚在一起，变成了一条条粗细不等的环。人们一度以为只有土星才有行星环，自从天王星的行星环被发现后，人们才知道原来许多行星都有行星环。

27 颗卫星

同木星和土星一样，巨大而冰冷的天王星用它的引力牵引着大量的卫星。1986 年，旅行者 2 号飞越天王星，发现了 10 颗此前未知的卫星，加上哈勃空间望远镜的观测，我们在天王星的附近一共发现了 27 颗卫星，其中 15 颗都是以莎士比亚戏剧中的人物命名的。在天王星所有的卫星中，5 颗比较大的卫星最为引人注目。

天卫一

这是天王星最亮的一颗卫星，它的表面布满了许多陨星坑。

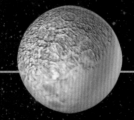

天卫二

神秘的天卫二看起来十分暗淡，它的亮度大约只有天卫一的一半。

天卫三

这是天王星最大的一颗卫星，也是整个太阳系第八大的卫星。

天卫四

在所有卫星中，它距离天王星最远。此外，它是第一个被人们发现的天王星卫星，也是 5 颗卫星中第二大的卫星。

天卫五

它的表面十分奇特，有深约 20 千米的深谷，还有像皱纹一样的梯田层，而这些都是因为它遭遇过灾难性的碰撞。

古怪的天王星

1781 年，威廉·赫歇尔发现了第七颗行星——天王星，在这之后的许多年里，人们一直认为天王星是太阳系最后一颗行星。后来，天文学家开始注意到天王星的运行十分古怪，尽管它一直绕着太阳旋转，但有时它运行得很快，有时却运行得十分缓慢，这让天文学家们感到十分好奇。

①核
岩石、疑似冰的固体

②幔
冰冻的水、氨气、甲烷

③大气层
氢气、氨气、甲烷

④高层大气
云层顶端

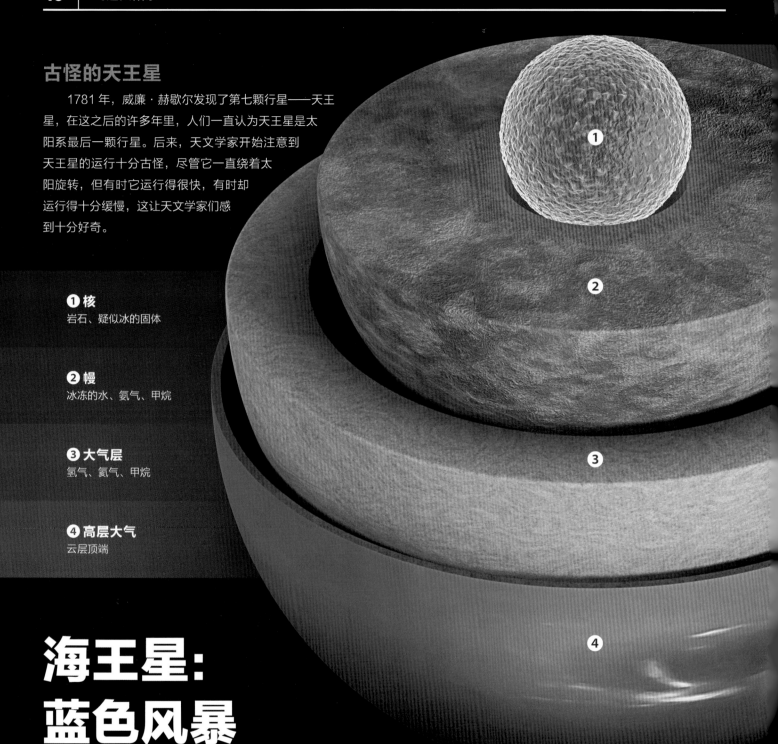

海王星：蓝色风暴

海王星是太阳系中距离太阳最远的行星，它绕太阳旋转一圈大约需要 164.79 年。海王星是一颗冰冷的蓝色星球，它看起来比天王星更蓝，冰冷的表面温度低至 −218℃。尽管如此，海王星的内部却无比炽热，核心的温度高达 7 000℃。除此之外，海王星还拥有太阳系最强烈的风暴，风暴的风速高达 2 000 千米 / 时，这风速大约是地球上超强台风的 10 倍。

冰火山

海卫一是海王星最大的卫星，它十分冰冷，表面温度约为 −235℃。这里活跃着许多间歇泉和冰火山，它们会从冰壳下喷出冷气体和冰。

蓝色光点

1841 年,英国的一位大学生约翰·库奇·亚当斯看到了天王星的相关报道,他决定对天王星的谜团一探究竟。1845 年,留校任教的他用数学方法证明了天王星的外侧还有另一颗行星,他还算出了这颗遥远的、人们不知道的行星应该在什么位置,并将这一发现提交给英国的格林尼治天文台,但没有人重视这一发现。此时,法国天文学家勒威耶也在探索太阳系深处是否有一颗未发现的行星,他的发现与亚当斯十分相似,他也将自己的发现提交给了德国的柏林天文台。1846 年9 月 23 日,收到这份报告后,天文台台长伽勒和助手将天文台的望远镜对准勒威耶计算的行星应该出现的位置,当天晚上他们就发现了这颗行星。在天空中,它看上去像是一个渺小而模糊的蓝色光点。

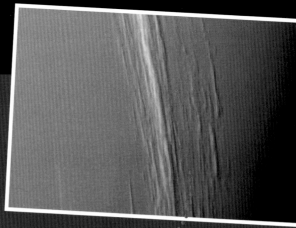

稠密的大气

海王星也是一颗气态行星,它拥有十分稠密的大气层。海王星的大气层里含有大量的甲烷和微量的氦,这些甲烷会吸收掉太阳光中的红光、橙光,所以海王星看起来蓝蓝的。

知识加油站

新发现的行星大多会用不同神话中神的名字来命名,海王星被发现之后,天文学家勒威耶建议用"尼普顿"(Neptune)来命名这颗新发现的行星,它的名字来自罗马神话中手执三叉戟的海神。

猛烈的风暴

1989 年,当旅行者 2 号探测器飞越海王星时,它在海王星的南半球发现了一个深蓝色的大暗斑。大暗斑跨度达 10 000 千米,看起来就像木星上的大红斑,它也是一个巨大的风暴,大小和我们的欧亚大陆差不多。

不过,1994 年 11 月 2 日,当哈勃空间望远镜瞄准海王星的南半球时,这个大暗斑却已不见踪影,反而在北半球,人们发现了一场类似大暗斑的新风暴,至今人们还不知道为什么大暗斑会失踪。

大暗斑
一场猛烈的风暴正在肆虐。

白色云团
这是大暗斑南面的另一场风暴。

小暗斑
南半球这里有一场风暴。

暗淡的环

人们在地球上只能看到海王星周围几圈暗淡而模糊的圆弧,起初,天文学家认为海王星的行星环并不完整,但旅行者2号在1989年拍摄到了海王星几个微弱、暗淡但十分完整的环。

冥王星：
被开除的谜团

海王星被发现以后，天文学家以为探索新行星的工作可以告一段落了。可是，和天王星一样，海王星的运行轨道也有点不规则，于是，天文学家猜想：海王星的外面一定还有一颗新行星。但是，这颗"行星"离我们实在太远了，人们花了很长时间才找到这颗"调皮"的"行星"。

寻找"行星 X"

1894 年，美国亚利桑那州的天文学家珀西瓦尔·洛韦耳建造了洛韦耳天文台，他对一颗"行星 X"的运动十分着迷，因为这颗天体影响了海王星的轨道。洛韦耳计算出这颗天体的位置，并仔细搜寻天空，然而在他有生之年却未能找到这颗天体。洛韦耳去世后，洛韦耳天文台台长邀请美国天文学家克莱德·汤博加入"行星 X"的搜索行列。

第九大"行星"

1919 年，天文学家休姆逊曾拍摄到"行星 X"，但照片中的它像是一个污点，而在另一张照片中，它待在明亮的恒星附近，完全没有被发现。1929 年，一个口径 32.5 厘米的大视场照相望远镜问世，它被用来寻找未知的行星。1930 年 1 月 18 日与 23 日，汤博在双子座拍摄到两张照片，并在这两张照片上发现一个移动的小点，这就是神秘的第九大"行星"——"行星 X"。

命名新发现的行星

第九大"行星"被发现的消息一下轰动全世界，洛韦耳天文台拥有了对这颗天体的命名权，并从全世界收到了1 000 多条建议。1930 年 3 月 14 日，福尔克纳·马登从《泰晤士报》上得知克莱德·汤博发现了一颗新的"行星"，而且尚未命名，便把这个新闻告诉了自己的外孙女维尼夏·伯尼。这个女孩十分喜爱罗马神话，于是提议用罗马神话中冥界之神普路托（Pluto）的名字为新发现的行星命名。最终，这个名字被采用，并迅速被大众接受。

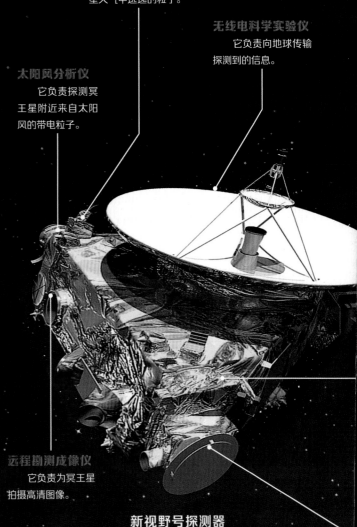

能量粒子质谱仪
它负责寻找从冥王星大气中逃逸的粒子。

无线电科学实验仪
它负责向地球传输探测到的信息。

太阳风分析仪
它负责探测冥王星附近来自太阳风的带电粒子。

远程勘测成像仪
它负责为冥王星拍摄高清图像。

新视野号探测器

冥王星之旅

冥王星距离地球十分遥远，就连哈勃空间望远镜也只能看到它模糊的身影。直到 2015 年 7 月 14 日，新视野号探测器在距离冥王星 9 600 千米的高空飞过，我们才第一次看清冥王星的真面目。它的复杂程度远远超出了人们的预料，这里极度严寒，表面的颜色和亮度变化极大，有炭黑色、深橙色和白色。冥王星的表面布满了冰山和冰川，它的内部很可能有一个水冰海洋。

心形冰川

新视野号探测器发现了冥王星上 1 000 多千米宽的巨大心形氮冰川——"斯普特尼克平原"，这座冰川是太阳系中已知最大的冰川。

最大的卫星——冥卫一

冥卫一是冥王星 5 颗已知卫星中最大的一颗，它暗淡的红色极冠在太阳系的卫星中别具一格，这可能是大气气体从冥王星逃逸出来后在冥卫一表面上吸积沉淀的结果。

紫外成像光谱仪

它负责探测冥王星的大气层组成成分。

可见 - 红外成像光谱仪

它负责探测冥王星和冥卫一的表面成分。

惨遭降级

2005 年 1 月 5 日，在冥王星的轨道之外，美国的布朗小组发现了一颗与冥王星差不多大小的冰冷天体——阅神星，这颗天体会不会成为我们的第十大行星呢？当时，人们认为阅神星比冥王星更大，如果阅神星是小行星，那它比行星还要大，这是矛盾的；如果新增加一颗行星，天文学家又担心行星的数量过多，冲击人们的传统认知。为了平息这场纷争，2006 年 8 月 24 日，国际天文学联合会（IAU）决定重新定义行星。非常不幸的是，这场纷争之后，被牵连的冥王星惨遭驱逐，从行星家族除名，被降级为矮行星。

柯伊伯带天体

海王星的外侧是柯伊伯带，这里布满了形态各异、大小不一的天体。柯伊伯带和"热闹无比"的小行星带十分相似，但比小行星带要大得多，它的宽度是小行星带的 20 倍，整个区域内天体的质量也比小行星带大 20 ~ 200 倍。目前已知柯伊伯带的大天体有 8 颗，其中有 4 颗已被归类为"矮行星"。

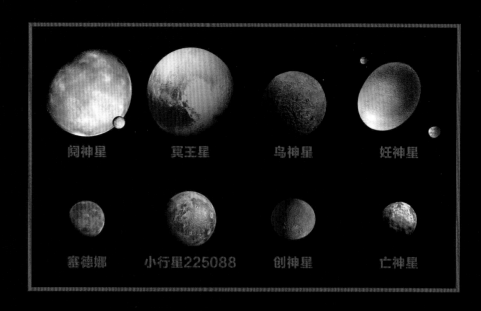

阋神星　　冥王星　　鸟神星　　妊神星

塞德娜　　小行星225088　　创神星　　亡神星

旅行者1号

先驱者11号

冥王星　　海王星　　太　阳

新视野号

天涯海角

天王星

小行星带天体大多由岩石和金属组成，而柯伊伯带天体主要是以冰雪为主要成分的小行星和彗星，它们绕太阳运转。

最远的天体

2019 年，新视野号探测器在柯伊伯带拍摄到小行星"天涯海角"的照片。这颗小行星距离地球约 66 亿千米，是迄今为止人类探测到的最远天体。早在 1997 年，中国天文学家就发现了它。但这并不代表"天涯海角"就在柯伊伯带的最外边，也许有一天，人类还会发现更远的柯伊伯带天体。

旅行者2号

柯伊伯带：
遥远、神秘的圆盘

过去人们一直认为海王星轨道的外侧一片空旷，太阳系的尽头就在这里。然而，冥王星、阋神星、鸟神星……越来越多的天体被发现，它们聚集在一起，看起来就像一个巨大的圆盘。到目前为止，人们在这里已经发现了 1 000 多颗天体，这个区域就是神秘的柯伊伯带。

知识加油站

1951 年，美籍荷兰裔天文学家杰勒德·柯伊伯提出，在海王星轨道以外的太阳系边缘地带，冥王星可能并不是一颗独立的行星，而是在同一区域内运行的大量天体中最亮的一颗，这里充满了微小的冰冻天体。为了纪念柯伊伯的发现，这个区域被命名为柯伊伯带。

探秘柯伊伯带

探秘柯伊伯带就像是对宇宙进行一次考古发掘。柯伊伯带天体是远古行星形成时的残留物，它保存着太阳系早期的痕迹。经过几百万到几千万年的时间，早期行星盘稠密的内部慢慢凝聚成大行星，因尘埃不断向外迁移，渐渐形成了一条圆环。由于稀薄的外部吸积缓慢，大量的小天体逐渐在这里形成。

柯伊伯带

先驱者10号

前往柯伊伯带

柯伊伯带温度极低，天体的公转周期十分漫长，就连海王星的公转周期都长约 60 190 天。这一切让探索柯伊伯带变得难上加难。2015 年，新视野号历时 9 年才终于抵达冥王星，这一切是如何做到的呢？

探测器的探测装备

1 征程遥远，要想获得很高的速度，大推力运载火箭必不可少。

2 飞船系统、控制系统和探测仪器系统需要保持极高的可靠性。

3 飞船需要体积小、重量轻、效率高的电源。

4 飞船需要具有很强的温度控制能力，确保仪器在超低温下正常工作。

5 飞船需要具有较大孔径的天线，以保证对地球微弱信号的接收。

6 飞船需要强大的地面观测和通信设备，科学家还需要事先详尽了解待测天体的轨道。

奥尔特云：更遥远的远方

太阳系有边界吗？如果有，那它的边界在哪里？这是一个非常复杂的问题，如果以太阳风能到达的地方为标准，那么太阳系的边界就是日球层；如果以行星的位置为标准，那么太阳系的边界就是海王星；但如果以太阳引力的范围为标准，那么太阳系的边界就是奥尔特云。奥尔特云是一个巨大的、笼罩太阳系的球状包层，据推测，它们距日距离是海王星距日距离的 2 000 倍以上。

奥尔特云之谜

"天外来客"彗星不时闯入内太阳系空中，这些奇怪的天体究竟来自哪里？早在 1932 年，爱沙尼亚天文学家恩斯特·朱利叶斯·奥皮克就提出，由于彗星穿过内太阳系时挥发得很快，所以太阳系的外层边缘一定存在一个"彗星储库"，那里储存着许多彗星。1950 年，荷兰天文学家简·奥尔特成功计算出 19 颗彗星的原始轨道，其中有 10 颗彗星是新发现的，它们来自相同的极遥远距离，因此一定存在一个遥远的"彗星储库"，这个区域就是"奥尔特云"。

奥尔特云在哪里？

在距离太阳大约 1 ～ 2 光年的太阳系外层空间，奥尔特云是一片巨大的、由冰态小天体构成的球状包层，这里就像一个储存有海量天体的大冰窖。整个奥尔特云被分成两部分：外部为球形，内部为环形。奥尔特云由直径小于 100 千米的小天体组成，这些小天体大约是地球的数量可能有数万亿个，总质量大约是地球的 10 ～ 100 倍，它们远远地围绕着太阳旋转。它们虽然距离地球十分遥远，无法直接被观测到，但历史上人们捕捉到的长周期彗星都来自奥尔特云。

太阳系内侧

在太阳引力的牵引下，太阳的内侧从容井然，行星和小行星沿着特定的轨道，昼夜不停地绕着太阳运转。

柯伊伯带

在海王星轨道之外，圆环状的柯伊伯带是许多短周期彗星的储库，这里的冰冻天体保留着太阳系形成之初的模样。

内奥尔特云

内奥尔特云是一个环形云团，又称希尔斯云，这里的彗星核数量是外层的 10～100 倍，内层也会不断为外层补充新彗星，让奥尔特云不会轻易消亡。

外奥尔特云

外奥尔特云可能有上万亿颗直径大于 1 千米的天体，以及数十亿颗直径约 20 千米的天体。假设哈雷彗星是外奥尔特云天体的典型代表，那外奥尔特云的总质量约为 $3×10^{25}$ 千克，有 5 个地球那么重。

无法抵达

人类对奥尔特云所知的一切都是基于推理和计算机模型，以及一些关于长周期彗星起源的推测，因为还没有探测器实际观测测过这片"云"。目前，在人类发射的所有太空探测器中，最接近奥尔特云的是旅行者 1 号，但它只能在 300 年后接近奥尔特云的内边缘，并将需要大约 30 000 年左右穿过"云墙"。遗憾的是，为旅行者 1 号提供电力的核反应堆预计在 2025 年左右停止工作。目前，正在服役的其他大空探测器预计在到达奥尔特云时都已经无法工作。

奥尔特云

奥尔特云是太阳系的边缘地带，它是长周期彗星的储库，数万亿颗直径小于 100 千米的冰冻天体聚集于此，这里就像一个寒冷的大冰窖。

地球

太阳

小行星带

柯伊伯带

奥尔特云

名词解释

矮行星：沿轨道绕太阳运行的天体，呈球形或近似球形，不能清除其轨道附近的其他天体。

超新星爆发：这是某些恒星在演化接近末期时经历的一种剧烈爆发。爆发使星体中的全部或大部分物质被抛散，爆发过程中突发的光度通常能够照亮其所在的整个星系。

大气层：地球外面包围的气体层，按大气温度随高度分布的特征，可分为对流层、平流层、中间层、热层和逃逸层。

磁层：指在太阳风和行星磁场的相互作用下，行星原来磁场的磁力线被太阳风制约而形成的一个有限的磁场空间。

电磁辐射：电磁场能量以波的形式向外发射的过程。也指所发射的电磁波，其传播速度和光速相同。

光子：又称光量子，粒子的一种，是光的能量粒子，具有一定的能量，光子的能量随光的波长而变化，波长越短，能量越大。

恒星：本身能发出光和热的天体，如织女星、太阳。古人认为这些天体的位置是固定不动的，所以将它们叫作恒星，实际上恒星也在运动。

彗星：绕着太阳运动的一种小天体，接近太阳时，形成一条扫帚状的"长尾巴"，彗星的体积很大，但密度很小。

粒子：泛指比原子核小的物质单元。包括电子、中子、质子、光子、介子、超子和各种反粒子等。也叫基本粒子。

太阳风：从太阳大气层射出的高速带电粒子流，通常速度在350千米/秒以上。

太阳黑子：太阳光球层上的暗黑斑点，温度较周围区域低，从地球上看像是太阳表面上的黑斑。

卫星：按一定轨道围绕行星或者小行星（有时是其他太阳系小天体）运行的天体。

小行星：属于太阳系小天体，和行星一样环绕太阳运动，大多分布在火星与木星轨道之间，组成小行星带。

星云：由气体和尘埃组成的云雾状天体。

旋臂：指年轻亮星、亮星云和其他天体分布成旋涡状的旋涡星系中从里向外旋卷的形态。大多数旋涡星系有2条旋臂，银河系有4条旋臂，分别是人马臂、猎户臂、英仙臂、天鹅臂。太阳系位于猎户臂内侧。

原行星盘：在新形成的年轻恒星外围绕的浓密气体，它们看起来就像一个圆盘，这里孕育着许多行星。

陨星：流星体在穿过地球大气层时未被完全烧毁而落到地面的部分。

坍缩：天文学中指恒星或其他天体在引力作用下急剧收缩的过程。在引力作用下，天体内部物质的原子结构遭到破坏并挤压收缩，天体体积变小，密度加大。

TNT：一种烈性炸药，人们常用爆炸释放相同能量的TNT炸药的质量表示核爆炸释放能量的习惯计量。通常用吨TNT当量作计量单位。1吨TNT炸药爆炸时释放的能量约等于4.19吉焦。

图书在版编目（CIP）数据

飞越太阳系 / 焦维新著. — 上海：少年儿童出版社，
2022.10
（中国少儿百科知识全书）
ISBN 978-7-5589-1503-1

Ⅰ.①飞… Ⅱ.①焦… Ⅲ.①太阳系—少儿读物
Ⅳ.①P18-49

中国版本图书馆CIP数据核字（2022）第194308号

中国少儿百科知识全书

飞越太阳系

焦维新 著

刘芳苇 魏孜子 装帧设计

责任编辑 沈 岩 策划编辑 王惠敏 董文丽
责任校对 陶立新 美术编辑 陈艳萍 技术编辑 许 辉

出版发行 上海少年儿童出版社有限公司
地址 上海市闵行区号景路159弄B座5—6层 邮编 201101
印刷 恒美印务（广州）有限公司
开本 889×1194 1/16 印张 3.5 字数 50千字
2022年10月第1版 2023年12月第3次印刷
ISBN 978-7-5589-1503-1 / Z·0042
定价 35.00 元